L'UNITÉ

DE

L'INDOCHINE

PAR

M. CARABELLI

Conseiller colonial, Maire de Saigon.

———※———

SAIGON

IMPRIMERIE REY ET CURIOL

—

1886

L'UNITÉ DE L'INDOCHINE

L'UNITÉ

DE

L'INDOCHINE

PAR

M. CARABELLI

Conseiller colonial, Maire de Saigon.

SAIGON

IMPRIMERIE REY ET CURIOL

—

1886

L'UNITÉ

DE

L'INDOCHINE

Le voyage de M. Blancsubé. — L'unité de l'Indochine. Son organisation. — L'emprunt.

Ce voyage était inattendu et la surprise a été grande quand un télégramme de *l'Agence Havas* nous a annoncé l'intention du député de se rendre dans la colonie. Quel motif puissant avait décidé ce départ que rien ne justifiait, et M. Blancsubé, pris soudain d'un besoin impérieux de revoir ses électeurs, venait-il seulement pour rendre compte du court mandat qu'il a exercé depuis la validation de son élection ? Non, tel ne pouvait être le but de son voyage, nous disions-nous, et il faut qu'une raison plus grave l'ait décidé à un déplacement aussi coûteux que fatigant.

Nous ne nous étions pas trompés. Nous avouons même qu'il nous plaît que le député soit venu dans la colonie exposer à ses électeurs la question si délicate et pleine de dangers qu'il nous a été enfin donné d'apprécier : nous voulons parler de l'unité de l'Indochine avec Saigon pour capitale. Il est certain que le député ne pouvait traiter avec autorité à la Chambre une question qui touche aux intérêts les plus immédiats et à l'avenir de la colonie, sans consulter ses habitants. A ce titre, nous lui devons des remerciements quelle que soit, d'ailleurs, l'opinion ultérieure du Conseil colonial qui seul a qualité pour prendre une détermination et qui ne se réunira que dans un mois.

La question soulevée par le député de la Cochinchine est des plus graves. Elle touche à tant d'intérêts, elle engage la colonie dans un avenir si incertain, qu'il est permis aux esprits les plus audacieux d'hésiter. C'est qu'une grande responsabilité pèse sur ceux qui, au Conseil colonial, prendront la résolution de suivre M. Blancsubé sur le terrain brûlant où il nous a placés : la crainte de laisser passer l'occasion unique qui se présente à nous de réaliser enfin ce rêve si cher à tous les colons de l'unité de l'Indochine, et la crainte plus grande encore de sacrifier à ce qui pourrait n'être qu'un rêve la situation financière de la colonie, aujourd'hui si brillante, et qui se trouvera entraînée vers l'abîme que nous aurions creusé de nos propres mains.

Malgré la gravité des circonstances, dégagé de tout intérêt et de toute considération personnels, nous dirons toute notre pensée, en ne recherchant que ce que nous croyons être le bien de la colonie, à l'avenir et à la prospérité de laquelle nous n'avons cessé de travailler. Si la responsabilité est grande, il n'y aura que plus de mérite pour les mandataires qui l'auront encourue ; ils se seront placés au dessus des petits calculs et des opinions étroites de quelques esprits craintifs qui, n'ayant en vue que le présent, avec ses facilités et ses avantages, n'osent envisager l'avenir même quand il se présente plein de grandeur, brillant de promesses, quoique escortés de difficultés toujours inhérentes à une grande œuvre comme celle à laquelle on nous convie.

Les idées que nous exposons sont celles que nous défendrons au Conseil colonial. Elles diffèrent, par bien des côtés, de celles que nous connaissons au député, quoiqu'elles tendent à la réalisation d'un but que nous poursuivons en commun depuis longtemps. Elles sont aussi, pouvons-nous avancer, celles de la majorité des habitants de la colonie. Peut-être seront-elles examinées avec bienveillance par eux, au moment où la question coloniale se posera devant le Parlement appelé à voter de nouveaux crédits pour la pacification et l'organisation de l'Annam et du Tonkin.

PROJET D'ORGANISATION DE L'INDOCHINE

M. Blancsubé veut profiter des hésitations qu'éprouvera la Chambre à inscrire à son budget ordinaire une somme de trente-cinq millions pour le protectorat de l'Annam et du Tonkin. Nous trouvons, en effet, que le moment est bien choisi, et, si la Chambre hésite, nous autorisons M. le député à déclarer hautement que l'Indochine est assez riche pour assurer elle-même la pacification des pays encore troublés et procéder sans retard à leur organisation. Nul ici ne met en doute la possibilité de ce résultat, et la discussion n'apparaît que quand l'on se demande si c'est la Métropole qui doit se charger de cette organisation et de cette pacification, ou bien le gouvernement général que nous voulons voir instituer à Saigon, guidé, soutenu, éclairé par les représentants des divers pays de la confédération indochinoise que nous sommes décidés à établir.

Dans la première hypothèse : il n'y a qu'une opinion pour repousser l'accession de la Cochinchine dans la nouvelle organisation que l'on peut chercher à créer. Le spectacle que nous avons depuis trois ans sous les yeux nous a suffisamment démontré l'impuissance, l'incapacité et l'ignorance des pouvoirs qui ont voulu de Paris pacifier et organiser ces pays de l'extrême-orient dont ils ne soupçonnent même pas les mœurs, les coutumes, les préjugés et les instincts si différents des pays de l'Europe. Nous ne voulons pas engager l'avenir de la colonie quand ses intérêts doivent être dirigés par d'autres que par ses mandataires élus.

La seconde opinion, au contraire, ne rencontre pas d'opposition. La plus parfaite unanimité s'établit sur toutes les questions, dès qu'on écarte l'idée de l'administration intérieure des divers pays de la nouvelle confédération par les bureaux d'un ministère de la Métropole, que ce soit celui de la marine, des affaires étrangères, du commerce, voire même des colonies. Nous établirons plus loin comment nous entendons installer la nouvelle organisation et à quelles conditions nous consentirions aux sacrifices que nous sommes appelés à nous imposer.

Mais disons tout de suite que nous ne saisissons pas bien la corrélation que M. Blancsubé veut établir entre l'organisation constitutionnelle des divers états de la presqu'île indochinoise et la création d'un ministère spécial des colonies. Sans doute nous sommes très partisan de cette création que nous jugeons indispensable si nous voulons surveiller nos colonies, développer, pratiquer, avec esprit de suite, fermeté et prudence, une politique coloniale. Mais nous ne saurions lier le sort de l'Indochine à ce ministère que nous désirons au moins aussi ardemment que M. Blancsubé. L'Annam, le Tonkin, le Cambodge, la Cochinchine, peuvent être rattachés au ministère du commerce ou de la marine sans que ce rattachement puisse nuire à l'établissement de l'œuvre qui nous passionne tous ici, sans distinction de partis : le groupement, en un seul faisceau, des forces des divers pays qui composent l'empire indochinois.

Avant de nous engager dans la voie des sacrifices, nous demanderons à la Métropole de liquider complètement le passé, jusqu'au jour de la nouvelle organisation. Le vœu de la population, auquel, nous l'espérons, le Conseil colonial restera fidèle, est de nous voir engager la responsabilité de la colonie que quand le gouvernement métropolitain nous aura fait des propositions fermes, sur les bases suivantes :

Gouvernement et organisation générale
de l'Indochine.

ARTICLE PREMIER. — Une confédération est formée entre les divers états qui composent l'Indochine. La Cochinchine, le Cambodge, l'Annam et le Tonkin sont placés sous la haute administration du Gouverneur général de l'Indochine.

ART. 2. — Un conseil de gouvernement, composé de neuf membres payés, ayant habité au moins trois ans l'Indochine, est créé pour assister et aider de ses conseils le Gouverneur.

ART. 3. — Un Sous-Gouverneur est nommé qui partage avec le Gouverneur général l'administration du pays. Il le remplace en cas d'absence, jouit des mêmes pouvoirs, et, comme lui, est seul responsable des actes de son gouvernement.

ART. 4. — Les divers états de la confédération nomment des représentants, tant au titre annamite qu'au titre français, à raison de l'importance, non de la population, mais de leurs revenus.

ART. 5. — Le siège de la Chambre des représentants est à Saigon, capitale de l'Indochine, résidence du Gouverneur général, de tous les chefs d'administration et de service.

ART. 6. — Les divers états n'ont pas de budgets particuliers. Le budget de l'Indochine doit suffire aux besoins de l'administration générale des divers états, à l'entretien de l'armée et de la marine qui cessent d'être à la charge de la Métropole.

La Métropole abandonne à la Cochinchine les 2.200.000 francs qui lui sont payés par la colonie.

ART. 7. — Le roi d'Annam recevra une liste civile de quatre millions. Le roi du Cambodge continuera à toucher celle qui lui est attribuée par la convention du 17 juin 1884. Elles seront payées sur le budget de l'Indochine.

Pouvoirs et attributions de la Chambre des représentants.

ARTICLE PREMIER. — La Chambre des représentants vote l'impôt, et, seule, établit chaque année le budget de la confédération, en attribuant à chacun des états, dans la répartition du budget, une part proportionnelle à l'importance de ses revenus. Les décisions de la Chambre sur les questions de finances sont souveraines. Le Gouverneur général ni le gouvernement métropolitain ne peuvent en empêcher l'exécution.

ART. 2. — La Chambre décide seule et en toute souveraineté de la nécessité de la création de routes, ports, canaux, lignes de chemins de fer ou de bateaux à vapeur, constructions de forts ou de cuirassés pour la défense des frontières ou des côtes.

Elle vote le contingent des troupes de terre et de mer qu'elle juge nécessaire pour assurer la sécurité des pays confédérés. Ses pouvoirs sur toutes ces questions ressemblent à ceux de la Chambre des députés en France. Ils ne sont limités que par les intérêts supérieurs de la Métropole quand ils sont en opposition avec ceux de la confédération.

ART. 3. — La Chambre des représentants est souveraine pour l'établissement des tarifs de douanes qu'elle peut être appelée à créer, en tant qu'ils ne sont pas en opposition avec les traités conclus par la Métropole dans ses relations avec les autres peuples.

Art. 4. — Le ministre qui présidera, dans l'avenir, à la direction des colonies, ne pourra, en ce qui concerne l'Indochine, prendre aucun décret s'il n'a reçu, au préalable, l'approbation de la Chambre des représentants appelés à le discuter.

ORGANISATION INTÉRIEURE DES DIVERS ÉTATS DE LA CONFÉDÉRATION

Organisation de la Cochinchine.

Rien n'est changé à l'organisation et à l'administration actuellement en vigueur dans la colonie, sauf en ce qui concerne la Direction de l'intérieur qui est supprimée.

Le Conseil colonial est supprimé. Cette institution bâtarde n'a plus sa raison d'être. Ses pouvoirs passent à la Chambre des représentants des divers états confédérés.

Le Trésor est supprimé. Une trésorerie de l'Indochine est créée à l'image et ressemblance de la trésorerie d'Algérie.

Depuis six ans, la colonie est entrée dans la voie de l'assimilation. Nous devons y persister, et poursuivre lentement, mais sans discontinuer, cette œuvre de régénération d'un peuple facile, sans préjugés, ni fanatisme, sur lequel on peut remarquer déjà l'empreinte bien apparente de notre influence morale, industrielle et commerciale.

La Cochinchine d'aujourd'hui ne ressemble plus à celle que nous avons connue au lendemain de la conquête. Nous avons trouvé un peuple pauvre et nous l'avons enrichi. Si notre œuvre de moralisation n'a pas marché avec la même rapidité que le développement de la richesse de ce peuple, nous ne devons pas désespérer. Les résultats obtenus ne sont pas à dédaigner, et, dans un demi-siècle, il nous est permis d'espérer que la Cochinchine se sera élevée au même degré de civilisation que nos colonies des Antilles, de la Réunion et des comptoirs de l'Inde.

Si nous avons pu tenter cette œuvre d'assimilation sur une population de 1.500.000 habitants et arriver aux résultats que nous connaissons, c'est parce que, depuis vingt-cinq ans, nous avons concentré tous nos efforts sur cette population que nous avons entourée de soins particuliers, et pour la régénération de laquelle la France a rougi l'Océan du sang le plus pur de ses enfants.

Mais aujourd'hui l'expérience est faite. Continuons notre œuvre ; faisons de la Cochinchine un véritable département français, si nous pouvons, mais arrêtons-nous dans cette voie de l'assimilation dès que nous entrerons dans le Cambodge, l'Annam et le Tonkin.

Ce serait une folie qui nous perdrait si nous voulions recommencer l'expérience. Aussi l'administration de ces pays doit-elle différer, sinon dans l'organisation même, du moins dans l'exercice des pouvoirs accordés à nos agents dans l'intérieur.

Organisation du Cambodge.

ARTICLE PREMIER. — Suppression du résident général. L'administrateur de l'inspection de Pnom-penh sera chargé de l'expédition des ordres transmis au roi par le Gouverneur général de l'Indochine.

ART. 2. — Tous les administrateurs seront nommés par le roi sur la présentation du Gouverneur général. Il y aura un administrateur pour une population de 200.000 habitants. Le Cambodge ayant 1.500.000 habitants, le nombre en sera fixé à huit. Pour toutes les

affaires de l'administration, les administrateurs correspon-
pondront exclusivement et directement avec le Gouverneur
général.

ART. 3. — Les attributions de l'administrateur au Cambodge seront les mêmes que celles de l'administrateur en
Cochinchine. Aucun service des travaux publics ne devant
être établi dans ce pays, il sera, en outre, chargé de la
construction et de l'entretien des routes, de la construction
et de l'entretien des canaux, ainsi que de tous les édifices
qui pourront être créés par la suite.

ART. 4. — L'administrateur au Cambodge est plus particulièrement chargé de la perception de l'impôt ainsi que
de la surveillance des populations soumises à son administration. Il doit assurer l'ordre et réprimer le brigan-
dage.

La milice, supprimée en Cochinchine, doit être rétablie
au Cambodge. Elle est indispensable pour permettre à l'administrateur d'affermir son autorité et d'arriver à obtenir
sur ces populations ce prestige qu'on n'égalera plus et
qu'il exerçait autrefois en Cochinchine. Le nombre des
miliciens doit être au moins de 250. L'administrateur au
Cambodge doit avoir droit de vie et de mort sur les indigènes. Il est le délégué du Gouverneur général et détient
une partie de ses pouvoirs.

Une compagnie de tirailleurs indigènes de 250 hommes
et 50 hommes d'infanterie de marine compléteront les
forces dont devra disposer l'administrateur.

ART. 5. — Deux inspecteurs des affaires indigènes seront
nommés aux Cambodge. Leur mission consistera dans le
contrôle et la surveillance de tous les instants des actes et
de la gestion des administrateurs placés dans leurs inspections. C'est le rétablissement d'une institution utile, existant
encore en Cochinchine, quoique ayant perdu de son importance.

ART. 6. — La justice au Cambodge sera rendue par les

autorités indigènes, sous le contrôle et la surveillance des administrateurs.

Art. 7. — Les fonctionnaires indigènes au Cambodge seront nommés par le roi sur la présentation du Gouverneur général. Ils seront payés par le budget de l'Indochine et leurs appointements seront les mêmes que ceux des fonctionnaires annamites auxquels ils sont assimilés.

Art. 8. — Il y aura auprès de l'administration un secrétaire d'arrondissement et un comptable. C'est à cette administration économique, peu compliquée, réduite à sa plus simple expression, qu'incombera la lourde charge d'administrer, de pacifier et de surveiller le pays.

EXPLICATIONS

Nous avons voulu donner, dans ces grandes lignes, une idée de l'organisation que nous voudrions voir instituer dans les divers états de l'Indochine, notre colonie exceptée. Loin de nous la pensée d'avoir tracé un travail d'ensemble, de vous présenter une œuvre complète dans toutes ses parties. Ce sont nos aspirations que nous voulons faire connaître. C'est une énumération des principales réformes que nous jugeons absolument indispensables ; nous voulons installer une organisation sérieuse, durable ; encore faut-il que la Métropole connaisse de quelle manière on entrevoit ici la possibilité de sa réalisation.

Cette organisation du Cambodge diffère essentiellement de celle de la Cochinchine en ce que les pouvoirs de l'administrateur doivent égaler ceux du Gouverneur général dont il est le délégué. Dans l'exercice de ses pouvoirs, il n'est plus retenu, comme son collègue de Cochinchine, par un article du code pénal rendu applicable aux annamites, ni surveillé par un procureur de la République, devenu son rival, parce qu'il détient une autorité égale, sinon supérieure à la sienne.

Ces réformes au Cambodge sont possibles ; on en a commencé l'application, mais en se servant des agents militaires, ce qui les condamnaient à la stérilité. Elles sont toutes contenues dans la convention signée par M. Thomson, le 17 juin 1884.

Les pouvoirs de l'administrateur, dans les pays protégés faisant partie de la confédération que nous instituons, doivent être les mêmes que ceux dont disposaient les premiers administrateurs au lendemain de la conquête de la Cochinchine.

C'est dans cette simple et puissante organisation des administrateurs des affaires indigènes qu'il convient de chercher les causes vraies de notre prompte et facile domination de la colonie.

Jeunesse, intelligence, courage, connaissance de la langue, dévouement sans bornes au pays dont ils ont fait leur seconde patrie, unité de vues, solidarité d'intérêts et de corps entre les administrateurs, pouvoirs presque illimités placés en leurs mains, toutes ces causes réunies avaient fini par nous donner cette administration sans pareille, unique de son espèce, mais forte, mais puissante et maîtresse absolue de la Cochinchine.

Est-ce que ces leçons de l'expérience ne doivent pas nous profiter ? Quand nous avons si bien réussi en Cochinchine par l'emploi de certains procédés administratifs, pourquoi hésiterions-nous à nous en servir encore ?

La Cochinchine se trouve placée entre le Cambodge, l'Annam et le Tonquin ; mêmes mœurs, mêmes coutumes, même organisation municipale et provinciale, sauf en ce qui concerne le Cambodge.

Dernièrement, le Binh-thuan était en pleine insurrection. M. Paul Bert, obligé de faire face de tous côtés à un danger qui a été un moment réel, se trouvait dans l'impuissance d'envoyer le moindre renfort dans cette province limitrophe de l'inspection de Baria, en Cochinchine. Et l'insurrection grandissait toujours, au point de devenir menaçante pour la sécurité de notre frontière.

Notre nouveau Gouverneur, M. Filippini, voyant le danger grossir sans cesse, demanda et obtint l'autorisation de poursuivre la pacification de cette province avec les moyens dont il disposait. M. Aymonier, un des plus vieux et des plus distingués administrateurs de la colonie, a réussi, en trois mois, avec 400 hommes, à pacifier un pays égal en superficie au tiers de la Cochinchine. Dans cette entreprise, il a été, il est vrai, admirablement secondé par le commandant De Lorme, mais surtout et par dessus tout, par le Phu-Loc, ce fonctionnaire indigène que nous connaissons tous, et qui, par son énergie, son courage et son dévouemeut en la cause française, nous a déjà rendus de si grands services.

M. Aymonier s'occupe d'organiser le pays et de percevoir l'impôt ; nous savons qu'il a déjà envoyé à Saigon une somme assez importante qui viendra en atténuation des dépenses que nous avons faites.

Nous savons aussi que M. Aymonier et le Phu-Loc ont demandé à poursuivre jusqu'à Hué l'œuvre de pacification dont ils garantissent d'avance l'issuc. Et nous le croyons sans peine. Leur manière d'administrer, plus pratique, plus simple, diffère essentiellement de celle des officiers. Connaissant parfaitement la langue et ayant habité ces pays pendant de longues années, l'administrateur, en prenant possession de son poste, se met aussitôt et directement en rapport avec les indigènes, les notables, les chefs et sous-chefs de cantons, les huyens, les phus. Si habiles, si rusés qu'ils soient, ces fonctionnaires ne réussiront pas deux fois à tromper la vigilance de l'administrateur.

Nous professons une grande estime pour M. Aymonier, mais ce n'est pas faire tort à sa réputation que d'avancer qu'il y a encore en Cochinchine nombre d'administrateurs capables d'accomplir, comme lui, l'œuvre de pacification d'une province. Le personnel des fonctionnaires de Cochinchine est très nombreux, trop nombreux peut-être.

La Cochinchine peut, à cette heure, en se gênant un peu, disposer de cent vingt fonctionnaires Elle est à même de fournir trente-cinq à quarante administrateurs dont le plus jeune a encore sept années de services.

Elle compte et peut aussi disposer d'au moins trente secrétaires d'arrondissement, dont le moins âgé a trois ans de services et qui tous sont appelés à devenir des administrateurs.

Nous pouvons suffire aux premiers besoins de la nouvelle organisation que nous voulons établir. L'administration de la Cochinchine marche d'une façon régulière et normale ; les pertes de fonctionnaires qu'elle éprouvera seront vite comblées par l'arrivée de jeunes gens venus de France. Nous serons gênés un moment, mais cette gêne passagère n'arrêtera pas la marche des affaires.

Les fonctionnaires envoyés de France, tant au Cambodge que dans l'Annam et au Tonkin, devront partir. Ce sont des non-valeurs et qui sont encore bien mieux payés que les fonctionnaires de Cochinchine. Ils laisseront peu de regrets dans l'Indochine. Nous ne pouvons en tirer aucun parti.

Organisation de l'Annam et du Tonkin.

L'organisation que nous venons d'esquisser, nous voudrions la voir s'étendre sans altération à l'Annam et au Tonkin. L'administrateur, le secrétaire d'arrondissement, le comptable, tous vieux fonctionnaires, connaissant la langue annamite, résument l'administration que nous désirons installer dans chaque inspection des pays protégés.

Elle est simple, économique, et a pour elle la sanction de l'expérience. Ces trois fonctionnaires ne coûteront pas au delà de 24.000 francs par an. A cette dépense, il y a lieu d'ajouter les appointements des divers fonctionnaires indigènes de l'inspection. Cette dépense n'atteindra pas le chiffre de 10.000 francs. Peut-on administrer à meilleur marché un département composé de 200.000 habitants ?

Le Tonkin et l'Annam ont une population ne dépassant pas douze millions d'habitants.

Ces deux pays seront divisés en soixante inspections.

Douze inspecteurs doivent être nommés pour la surveillance et le contrôle des administrateurs.

Comme nous l'avons dit, en nous occupant du Cambodge, l'administration de la justice, à l'encontre de ce qui se passe en Cochinchine, restera aux mains des fonctionnaires indigènes. Nous sommes impuissants à nous charger de cette œuvre si délicate et si importante.

Au Tonkin et dans l'Annam, l'administrateur s'emparera, dès son arrivée dans son inspection, des bô des villages. Dans six mois, il connaîtra la fortune de chacun d'eux, établira ses rôles, et, nous en avons la certitude, l'argent, qui semble faire défaut à M. Paul Bert, abondera dans les caisses des administrateurs.

Comment pourrait-il en être autrement ?

Les résidents ont un million, souvent même deux millions d'habitants à administrer. La plupart nous viennent de Paris ; ce sont ou des journalistes, ou d'anciens fonctionnaires, ne connaissant ni la langne, ni les mœurs, ni les coutumes de l'Indochine. Ils n'ont pas vécu, comme l'administrateur, avec l'indigène, de cette vie de *l'intérieur*, comme nous disons ici, remplie d'ennuis quand elle n'est pas fortement occupée. Le résident, comme son nom l'indique, réside ; l'administrateur administre.

Il faut donc supprimer les résidents, les vice-résidents, aussi bien que le résident général et les résidents supérieurs. Les hautes fonctions que remplissent MM. Paul Bert, Vial et Dillon n'ont plus leur raison d'être. Ils coûtent tous trois la modeste somme de 375.000 fr., suffisante pour nous permettre d'installer seize inspections.

Dès que la situation financière de l'Indochine le permettra, on créera des bureaux des postes et télégraphes, on creusera des canaux, on construira des routes, des habitations confortables pour les fonctionnaires, des casernes, des forts, des chemins de fer, des écoles. Mais dès l'origine, il faut limiter les dépenses, procéder avec la plus grande économie, éviter l'emprunt ou n'y recourir qu'à la dernière extrémité.

L'EMPRUNT

« L'emprunt que je propose à la colonie de contracter a
« pour but, non de liquider les affaires du Tonquin —
« qui ne sauraient nous regarder — mais d'assurer l'union
« de l'Indochine dans la mesure du possible, en nous
« permettant de faire face aux obligations de souveraineté,
« telles que la défense et les travaux d'intérêt général que
« la Métropole ne veut plus prendre à sa charge. »

C'est ainsi que s'exprime M. le député Blancsubé. Tous
deux nous reconnaissons qu'au moment de l'organisation
nouvelle de l'Indochine, la Métropole doit nous remettre
le Cambodge, l'Annam et le Tonkin, libres de toutes
charges du passé. Nous devons entreprendre notre œuvre
sans avoir une seule piastre de dettes.

En partant de ce principe, nous devons nous demander
si un emprunt est véritablement nécessaire, et si, en le
limitant à 15 ou 20 millions, nous nous trouverons tout à
fait à la hauteur de la situation et à même de suffire à
toutes les exigences de la situation.

Notre opinion est que nous pouvons atteindre ce résultat
sans difficulté :

1º Si le Conseil colonial renonce à entreprendre de
nouveaux travaux pendant un exercice ou deux, se con-
tentant d'exécuter ceux qui ont déjà été votés. Nous ne
connaissons aucun travail assez urgent qui ne puisse
attendre deux ans. Le Conseil peut et doit, vu les circonstances exceptionnelles, augmenter les impôts ; il lui est
facile, sans pressurer les populations annamites et chi-
noises, d'augmenter son budget de deux millions. La
moyenne par an des travaux exécutés s'élève à deux millions, ce qui donne un chiffre de quatre millions ;

2º Si le gouvernement métropolitain autorise le rétablissement des jeux en Cochinchine, nous avons la certitude que la colonie en retirera quatre millions. Des offres dans ce sens ont déjà été faites à l'administration;

3° Si l'administration que nous voudrions voir établir dans les états protégés était adoptée, il en résulterait une économie minimum d'un million dans le personnel du Cambodge, de l'Annam et du Tonkin ;

Les vieux administrateurs de Cochinchine, chargés seuls désormais de l'administration de ces trois pays, en doubleront les recettes en moins de deux ans.

Résumant cette question d'argent, nous voyons que la Cochinchine pourrait fournir d'ores et déjà 11 millions 200.000 fr. en comptant l'abandon par la Métropole des 2.200.000 fr. que lui paye annuellement la colonie, et un million provenant de la suppression des fonctionnaires actuellement en exercice dans les états protégés.

M. Blancsubé avance que l'Annam et le Tonkin payaient avant les derniers événements 20.000.000 d'impôts et le Cambodge 8 millions avant la convention du 17 juin.

En tenant ces chiffres pour vrais — et nous les trouvons bien faibles pour l'Annam et le Tonkin surtout — nous le demandons en toute sincérité à tous les colons, venu, habitant depuis quelque temps la colonie, nous le demandons aux magistrats, aux administrateurs plus particulièrement : ne sont-ils pas profondément convaincus, comme nous le sommes nous-même, que, si l'on organisait les trois états protégés comme nous l'avons indiqué plus haut, ces états verraient leurs recettes doubler, sinon dans deux, mais au moins dans trois ans ?

A cette question ainsi posée, nous ne connaissons pas un seul Français, pouvant parler avec autorité, qui ne réponde hardiment : Oui, vous avez raison; oui, le Cambodge, l'Annam le Tonkin verront, avec l'administration que vous nous proposez, doubler leurs revenus en deux ou trois ans.

La Cochinchine, tout en faisant face à ses obligations ordinaires, pourrait donc, dès la première année, disposer de 11.200.000 fr. L'annam et le Tonkin verront leurs recettes s'élever au moins à 30.000.000 de fr., soit 10.000.000 de plus que n'en percevait l'empereur Tu-duc.

Le Cambodge reprendra, avec la nouvelle organisation, une vie nouvelle. Ses recettes s'élèveront, et il n'est pas téméraire d'avancer que, dès la première ou la seconde année, on les verra atteindre le chiffre de 12.000.000.

Nous aurions donc une somme de 53.200.000 fr. pour faire face aux dépenses d'entretien de l'armée, de la marine et du personnel de l'administration.

Nous ne pouvons fixer le chiffre de l'entretien de l'armée et de la marine, si l'on considère surtout que ces pays ne sont pas encore pacifiés. Mais nous pouvons établir la dépense tant du personnel français qu'indigène dans chaque inspection.

Nous avons dit plus haut que nous voulions installer au Cambodge et dans l'Annam quatorze inspecteurs des affaires indigènes. Les appointements de chacun d'eux étant de 18.000 fr., on obtient une dépense totale de 252.000 fr.

Les appointements des trois fonctionnaires français dans une inspection étant en moyenne de 24.000 fr. et ceux des indigènes de 10.000 fr., la dépense totale pour chaque inspection serait de 34.000 fr.; mettons 40.000 fr. en chiffre rond.

Nous voulons établir huit inspections au Cambodge et soixante dans l'Annam et au Tonkin, soit en tout, soixante-huit inspections.

Le personnel français et indigène dans ces trois pays coûterait donc 2.720.000 fr.

Nous avons dit que, dès la première année, nous pourrions disposer d'une somme totale de 53.200.000 fr. de laquelle il faudrait retrancher 2.972.000 fr., plus la liste civile des deux souverains du Cambodge et de l'Annam. En la fixant à quatre millions pour le roi d'Annam (et le chiffre est exagéré) et à un million pour le roi Norodom, nous aurons fait largement les choses.

Toutes ces dépenses s'élèvent à 7.972.000 fr. En les déduisant des 53.200.000 fr., il reste encore disponible pour l'entretien de l'armée et de la marine et les dépenses que nécessitera la pacification de ces pays une somme de 44.228.000 francs.

Et cette somme est plus que suffisante.

Quant aux travaux d'intérêts généraux dont parle M. le député Blancsubé, nous les ferons, oui, certainement, nous les ferons, mais au fur et à mesure de la progression de nos recettes, comme nous avons fait en Cochinchine, aujourd'hui couverte de palais, de monuments et d'établissements publics.

Pour le moment, procédons avec prudence, méthodiquement, avec ordre et économie, et nous arriverons sûrement, nous arriverons infailliblement, avec nos propres ressources, à faire face à toutes les exigences de la situation.

Si, cependant, il était absolument indispensable d'avoir 15 à 20 millions de disponibles pour les besoins des six premiers mois, les banques de Saigon nous ouvriront un crédit plus large encore.

En résumé, je ne crois pas à la nécessité d'un emprunt. Si l'on veut y recourir, c'est que l'on veut persévérer dans les errements du passé, c'est qu'on ne veut nous donner aucune des réformes d'ordre constitutionnel auxquelles nous avons droit. Dans ces conditions, mandataire fidèle de la Cochinchine, nous n'abandonnerons jamais les intérêts qui nous ont été confiés; nous refuserons de voter aucun crédit. Nous dirons : la Cochinchine d'abord, l'Indochine après.

La Métropole pourra continuer la pacification et l'organisation du Tonkin, de l'Annam et du Cambodge avec cette prudence, cette sagesse et surtout cette économie qui font notre admiration depuis trois ans.

Les bureaux des ministères, dans leur égoïsme étroit et mesquin, triompheront de nouveau, mais ce sera la fin de la France coloniale, la fin d'un beau rêve, d'un rêve patriotique : l'empire français d'Indochine.

R. Carabelli,
Conseiller colonial, Maire de Saigon.

SAIGON. — IMPRIMERIE REY ET CURIOL.

90